牛津趣味数学绘本

Rafferty's Rogues : Quantity

愚蠢的盗贼之

奥运会上的数量

［英］菲利希亚·劳 (Felicia Law) ［英］安·史格特 (Ann Scott)/ 著 俞璐莹 / 译

北京日报出版社

在嗞嗞城外的不远处，
有一条弯弯曲曲的小路，
从嗨哟山脉，
一直通往嘎吱峡谷。
路边，立着一块路牌。

路牌上的方向标很奇怪，文字标注和所指方向都让人匪夷所思。指向天空的写着“空荡荡的天”，指向远山的写着“灰蒙蒙的山”，指向路旁仙人掌的写着“浑身是刺儿的仙人掌”，还有一个写着“霸王树”。

其中一块缺角的方向标上写着“坏蛋谷”。这块方向标指向一条弯弯曲曲的石子儿路，应该只有最胆大的人才会注意到它，并踏上那条路……

……去往一个破破烂烂的棚屋。棚屋里住着一群胆大妄为的盗贼，他们就是——

赖无敌和他的手下。

早上，盗贼们聚在一起，
听赖无敌宣布最新计划。

他们特别喜欢听那些关于做非常非常坏的事情的计划。当然，如果是关于做好事的，他们也同样喜欢……

（不过，这种情况不多。）

不管怎样，今天，
赖无敌带来了一个有关
一场盛大赛事的消息。

嗞嗞城要举办
奥林匹克运动会了！

好人止步！

“运动会！”排骨弟激动地说，“我们能去玩吗？”

赖无敌告诉大家，运动会跟平时排骨弟玩游戏不一样，运动会上将进行真正的体育比赛。全世界的优秀运动员都会来参加，比赛将会非常激烈。

“重点是，”赖无敌接着说，“冠军可以赢得金牌！”

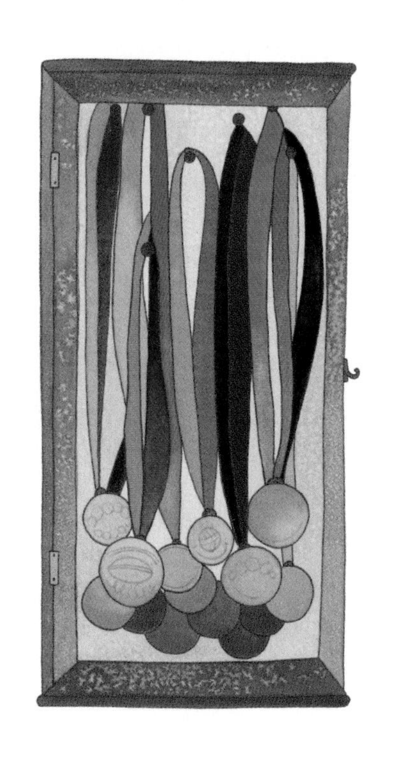

所有人一下子都竖起了耳朵。

“金子！？”他们齐声惊呼。

“金子做的奖牌！？”

“所以，我的计划就是，”赖无敌宣布，“偷金牌！”

奥林匹克运动会

两千七百多年前，奥林匹克运动会开始在希腊西南部的奥林匹亚举行，它曾是一个宗教节日庆典的一部分。这个庆典是为了致敬希腊之神宙斯，每四年举办一次。希腊各地的人民都会前来观看并参与庆典。

1894年，一位名叫皮埃尔·德·顾拜旦的法国人提议，古代运动会应该恢复举办。于是，现代夏季奥林匹克运动会两年后在希腊诞生了。如今，冬季和夏季奥运会每隔两年交替举办。

奥林匹克运动会会旗上的五环标志代表着世界上主要的五大洲——非洲、美洲、亚洲、欧洲和大洋洲。

赖无敌的手下非常擅长偷东西，那简直是他们的拿手好戏！他们的确不擅长数学、烹饪和骑摩托车——但他们绝对会偷东西。（好吧，是他们自以为会！）

所以，当赖无敌发现他们偷不到金牌的时候，真的非常懊恼。因为治安警长看管着金牌——日夜不休！

运动项目

夏季奥运会的比赛项目包括射箭、羽毛球、篮球、沙滩排球、拳击、皮划艇、自行车、跳水、马术、击剑、曲棍球、体操、手球、柔道、现代五项（射击、击剑、游泳、马术、越野跑）、山地自行车、赛艇、帆船、射击、足球、游泳、花样游泳、乒乓球、跆拳道、网球、田径、铁人三项（游泳、自行车、跑步）、排球、水球、举重和摔跤。

冬季奥运会的比赛项目包括高山滑雪、冬季两项（越野滑雪和目标射击）、有舵雪橇、越野滑雪、自由滑雪、冰上曲棍球、冰壶、花样溜冰、自由滑雪、冰球、无舵雪橇、北欧两项（越野滑雪和跳台滑雪）、俯式冰橇、跳台滑雪、滑板滑雪和速度滑冰。

有好多项比赛，可以去赢得金牌。

“嗯！”赖无敌说，“这事儿应该不太难……”

“好了！”赖无敌向他的手下宣布，“既然偷不到金牌，我们只能启动B计划了。”

B计划执行起来稍微难一些。他们要得到所有的金牌，但是不靠偷——是要赢得它们。

“赢得金牌？”猫儿妹说，“我这辈子可从来都没有参加过什么体育比赛！”

“我也是！”指头妞说。

肌肉哥和排骨弟也一样。

“既然这样，”赖无敌说，“我们只能作弊了。”

幸运的是，有很多奥运会比赛项目需要用到肌肉——肌肉哥就有！

有多大呢？

我们身边的大多数物体，包括其他人，都和我们大小不一。有些人虽然看起来只是比我们高了一点儿，但除了身高，还会有其他的差别。

有些物体是通过体积来衡量大小的。体积表示一个物体所占空间的大小。测量体积的方法叫作三维或3D测量，它们从3个方向进行测量——高度、长度和宽度。

当我们用测量得到的数据进行计算时，需要选择最佳的测量单位。有些单位用来衡量物体的轻、重，有些则表示一个容器内部可容纳多少体积的物体，也就是容积。

“首先，”赖无敌说，“肌肉哥要参加举重比赛。他要举起那根杆子，就是那个两头装着重重的金属盘的杠铃。”

杠铃现在的重量是20千克，差不多相当于20袋白糖的重量——这对肌肉哥来说还不成问题。但现在要开始逐步往上加10千克的金属盘了——加到6个盘子了——呃！

当我们搬重物的时候，通常会谈论这个东西的重量是多少。但严格地说，这样表述是不准确的。我们应该考虑它的质量，而不是重量。

很多人把重量和质量混为一谈。难道它们真的没有区别吗？一个物体的重量取决于它受到多少向下的力，也就是地心引力。在引力小的外太空，物体的重量也就小。

而质量表示的是一个物体包含多少物质。物体的质量是不变的，而重量是会发生变化的。

“我举不起来了。”肌肉哥说。

赖无敌苦苦思索了一番。显然，他们必须要把杠铃上重重的金属盘换成轻的塑料盘……

……**趁没人看见的时候**。

有多精确呢？

虽然我们会看到例如“千克”这样的重量标记出现在厨房称上或者食品包装袋上等等，但重量真正的测量单位应该是“牛顿”。这才是数学家们称重时会使用的单位。

大部分情况下，我们不需要精确地称出物体的重量是多少千克或是牛顿，估算一下就可以了。我们只需要掂量，甚至是观察，就能够比较出一个物体比另一个重还是轻。

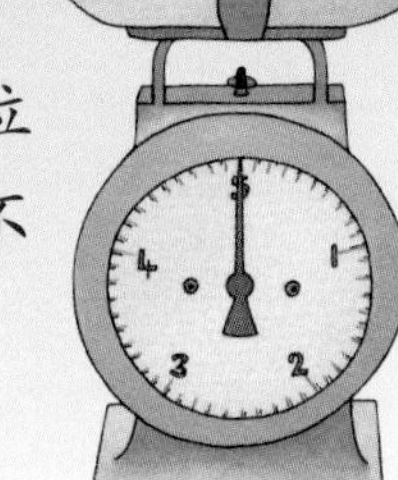

厨房秤上的刻度单位一般是克或千克，而不是牛顿。

得手之后，一
切顺利。

于是，肌肉哥
赢得了金牌。

接下来，该轮到排骨弟了。他个子高，柔韧性好，扔铁饼肯定能比其他人都扔得远。毕竟铁饼那么轻，只有2千克重。

重和轻

质量可用下面的3种单位测量：

克、
千克、
吨。

克是其中最小的单位。一枚回形针重约1克。几袋子白糖就需要用千克或简写为kg来记重了。

1000千克就是1吨。吨用于测量非常重的物品。比如，汽车、卡车和大型货物箱都用吨来记重。

但是赖无敌想要确保万无一失，所以……

……**趁没人看见的时候。**

指头妞躲在长草丛里，把排骨弟的铁饼往远处推，推啊推，推啊推——直到超过了其他所有人的铁饼。

于是，排骨弟赢得了金牌。

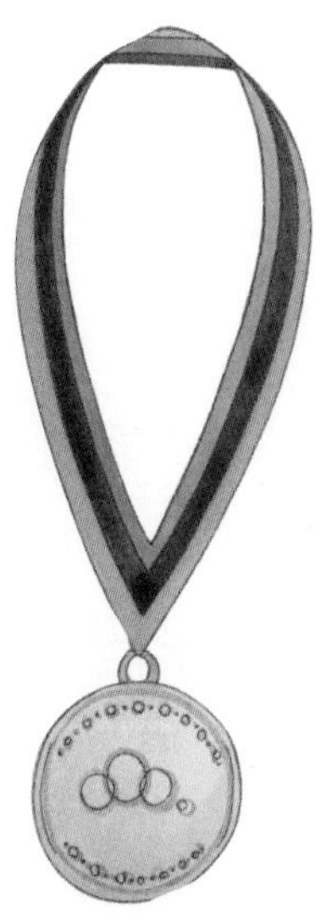

猫儿妹和指头妞要去参加花样游泳的比赛。

“你们只需要跟对方分秒不差地挥动手脚就可以啦，”赖无敌说，“轻而易举的事情。”

现在，泳池里已经灌满了水，两百五十万升的水！可是，指头妞不会游泳。

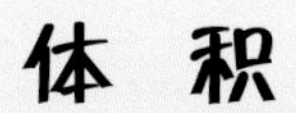

体积

体积用来表示物体占用空间的大小，或是一个中空的物体内可以装下多少气体、液体或者固体。

要计算体积，需要先了解立方体的测量方法。立方体是一个3D的形状。立方体有长、宽和高，有了这3个数据，就可以计算出立方体的体积。

立方体的体积也可以用来估算重量。比如，1000立方厘米的水和1千克的水差不多一样多。

她喝了好多好多水，然后被拖出了游泳池。

必须得想出个更好的办法。

赖无敌苦苦思索了一番。显然，他们必须要排掉池子里的一部分水……

……**趁没人看见的时候。**

测量液体

液体，比如水，是以升来测量的。最小的测量单位是毫升。1毫升的液体是非常少的。盛满1茶匙需要5毫升液体。毫升也写作ml。

1升（可简写为l）液体大概有1瓶运动饮料那么多。1千升，也就是1000升的液体可以装满4个浴缸。另外一个非常大的测量单位是兆升，也就是一百万升，在测量大量的水时，比如湖里或是水坝中的水，这个单位就非常有用。

壶上的刻度单位一般是毫升或升。

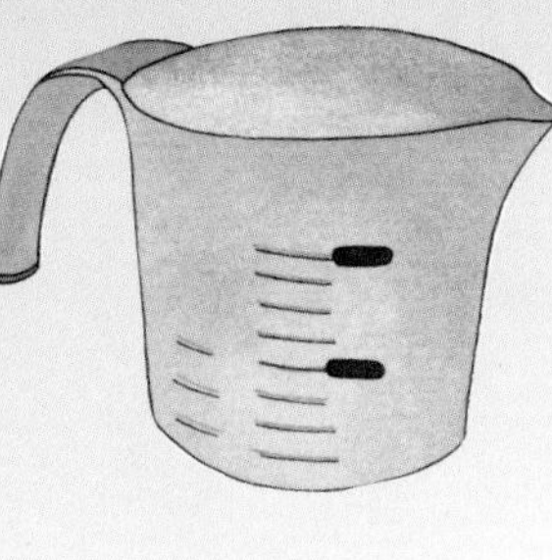

得手之后，

一切顺利。

现在，指头妞和猫儿妹可以完成所有的动作了……

这样……

还有那样……

分秒不差。

于是，她们赢得了金牌。

排骨弟又参加了水球比赛。他的任务是把球投进网中并得到最高分。

但是他（和指头妞一样）不会游泳。

显然，一定要让排骨弟更轻松地投球入网。赖无敌必须得想出个办法……

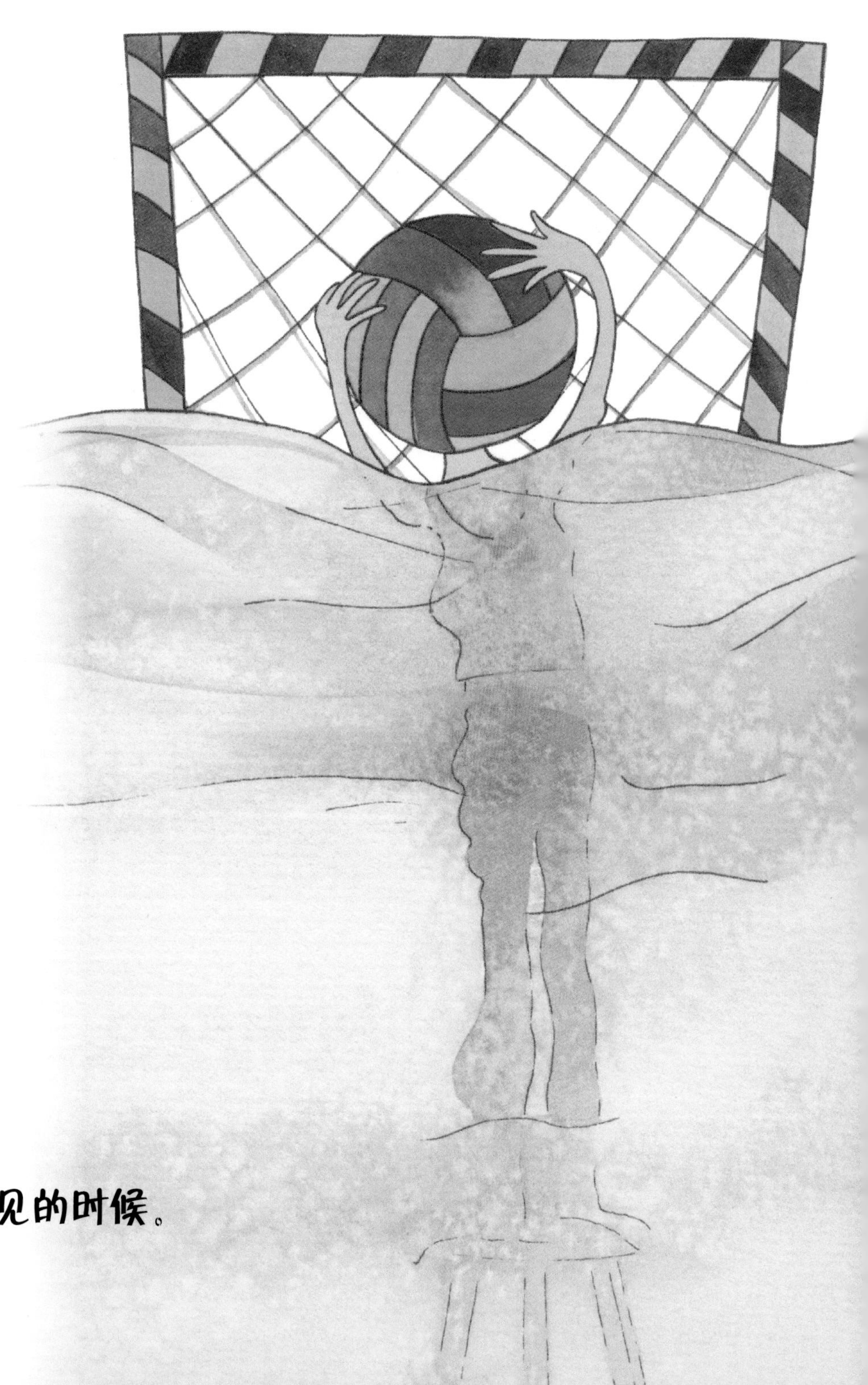

……**趁没人看见的时候。**

他们一队人马一起带着球游向对方球网……

然后，排骨弟投中了！得分了！

又得分了！

继续得分！

于是，排骨弟又赢得了一枚金牌。

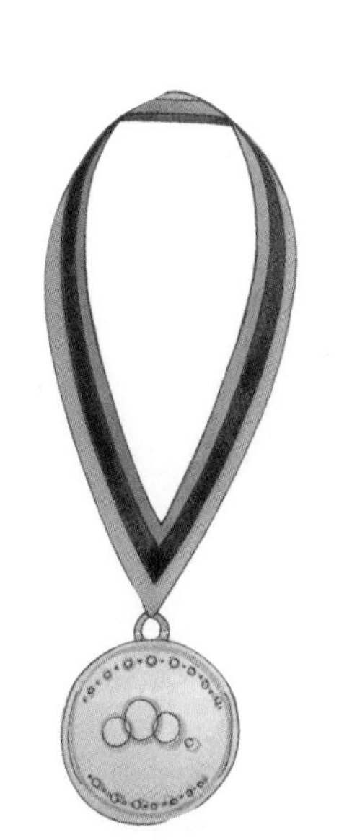

关于质量的真相

地球上，一位举重运动员的体重可达110千克。这等于将他向下拉的地心引力的大小。在月球上，引力就小得多了，他的体重也就不到19千克了。

一头蓝鲸的质量是非常大的。它重达17万千克，相当于25头大象的质量。还有，它在捕食磷虾时，每一口都会吸进4万升的海水——相当于一个小型游泳池的水量！

英制单位

使用范围为美国、利比里亚和缅甸——其中的某些单位也仍在英国和加拿大的标准制中出现。

质量单位：

盎司、磅、英石、夸特、英旦、吨。

16盎司（oz）=1磅

14磅（lb）=1英石

2英石（st）=1夸特

4夸特（qtr）=1英旦

20英旦（cwt）=1吨

体积单位：

液量盎司、及耳、品脱、加仑。

20液量盎司（floz）=1品脱

4及耳（g）=1品脱

2品脱（pt）=1夸脱

1加仑（gall）=8品脱

公制单位

使用范围除美国、利比里亚和缅甸外的其他所有国家。

质量单位：

毫克、克、千克、吨。

1000毫克（mg）=1克

1000克（g）=1千克

1000千克（kg）=1吨

容积单位：

毫升、升、千升、兆升。

1000毫升（ml）=1升

1000升（l）=1千升

1000千升（kl）=1兆升

立方厘米：

长、宽、高都是10厘米的水，体积就是1000立方厘米（10厘米×10厘米×10厘米）。它的质量为1千克，体积为1升。

测量工具

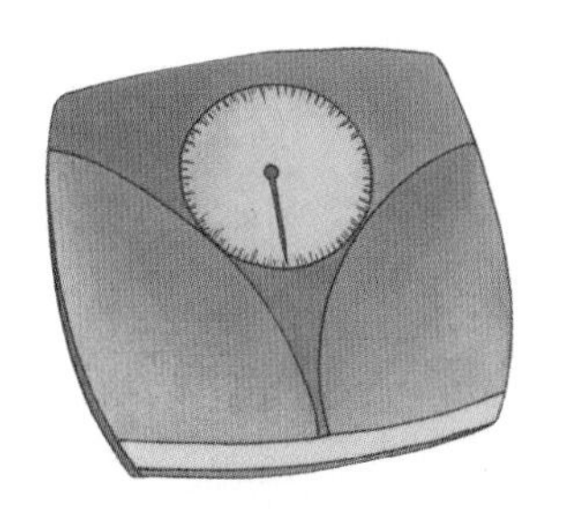

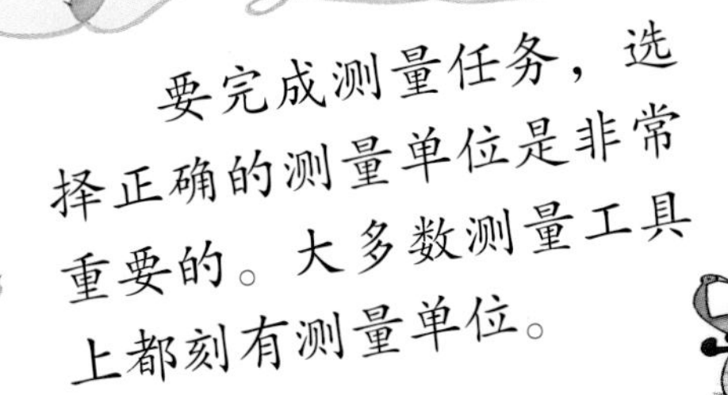

厨房称和体重称是用来称质量或重量的。

要完成测量任务，选择正确的测量单位是非常重要的。大多数测量工具上都刻有测量单位。

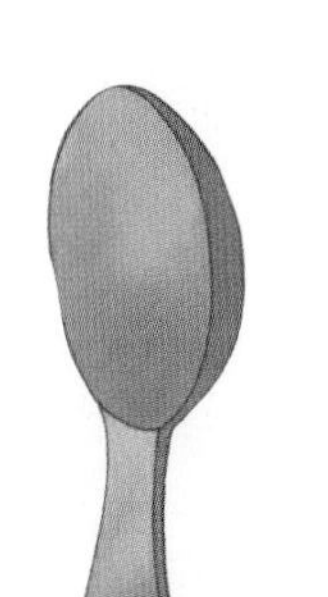

量勺、杯子和量杯是用来测量体积的。

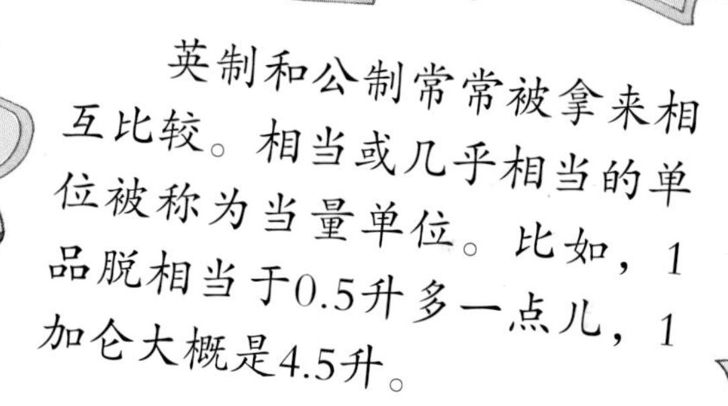

英制和公制常常被拿来相互比较。相当或几乎相当的单位被称为当量单位。比如，1品脱相当于0.5升多一点儿，1加仑大概是4.5升。

1袋白糖

1个苹果

更多当量是用于估算的。1袋白糖重1千克，1茶匙能盛5毫升液体，1个苹果重约1牛顿。

在三人有舵雪橇比赛中，赖无敌的团队正面临着远远落后的危险。

肌肉哥没有足够的力气将他们坐的雪橇推下山坡。

赖无敌必须得想个办法。如果没有了后面这两个很重的乘客，他只载着几副头盔伪装，就可以滑得快很多……

……**趁没人看见的时候。**

重量和摩擦力

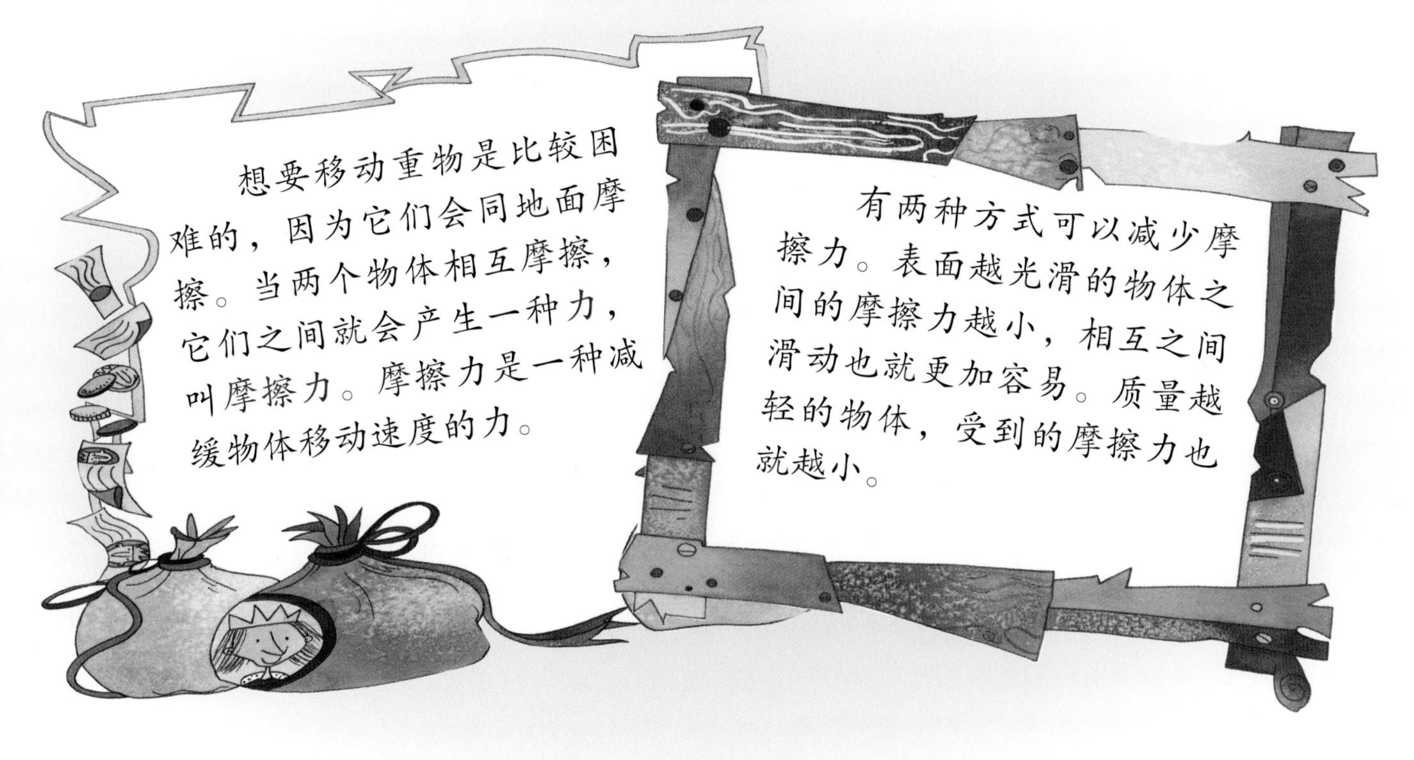

想要移动重物是比较困难的，因为它们会同地面摩擦。当两个物体相互摩擦，它们之间就会产生一种力，叫摩擦力。摩擦力是一种减缓物体移动速度的力。

有两种方式可以减少摩擦力。表面越光滑的物体之间的摩擦力越小，相互之间滑动也就更加容易。质量越轻的物体，受到的摩擦力也就越小。

得手之后，一切顺利。

于是，赖无敌赢得了金牌。

赛事结束了。赖无敌和他的手下又是推又是拉，又是举又是扔，又是伸手又是弯腰的，现在他们已经筋疲力尽了。

在领奖之前还有时间可以小睡一会儿。

颁奖仪式对于其他选手来说简直无聊透顶，因为赖无敌和他的手下把所有金牌都承包了。

“我们为获胜者感到无比骄傲！”市长说。

“的确非常骄傲，”警长说，“但鉴于这些金牌值很多很多钱，我相信赖无敌先生会同意将金牌安全地存放在警长办公室里……

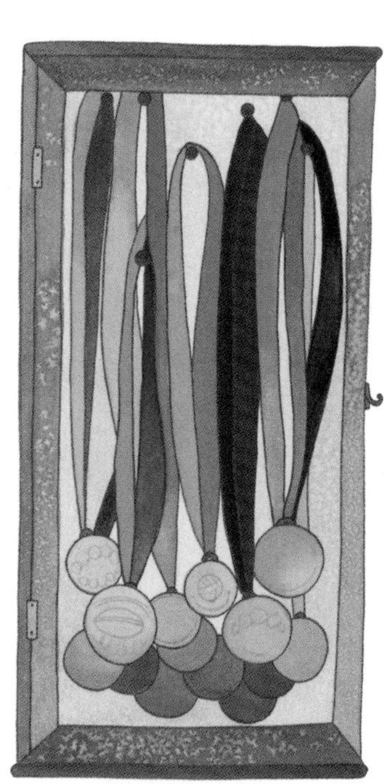

……锁起来。”

然后，他便和市长一起将所有金牌送去了安全的地方。

这太离谱了！赖无敌和他的手下失去了金牌，之前所有的“运动”变得毫无意义。

也许，他们原本是可以干一番大事的。但有些事情，赖无敌无法掌控！

如果赖无敌知道……

1912年，奥运金牌都是纯金的，但现在的金牌则是在银牌表面镀上一层薄薄的金。

实际上，1块500多克的金牌中只有6克黄金，这意味着一块金牌的价值大约是3500元。

当然，奥运金牌真正的宝贵之处在于它们象征着运动员参与比赛和获得胜利的骄傲……但他们并不是——像赖无敌他们那样——靠作弊取胜！